AF573469

ESSAI
SUR L'ORIGINE
DES CONSTELLATIONS
ANCIENNES,

PAR M. ÉDOUARD RICHER.

> Docuit quæ maximus Atlas.
> (VIRG. *Æn. lib.* I.)

A NANTES,

DE L'IMPRIMERIE DE MELLINET-MALASSIS.

1818.

AVANT-PROPOS.

Le Mémoire que je présente aujourd'hui au public n'a pas seulement pour but d'établir une vérité astronomique ; son influence est plus directe encore sur la morale et les idées religieuses, puisqu'il combat dans ses principes l'ouvrage de Dupuis, sur l'*Origine de tous les Cultes.*

La religion, la morale et la philosophie demandaient depuis long-tems qu'on répondit aux attaques de Dupuis. Mais ce n'était pas par le raisonnement qu'on devait espérer de ramener ceux qu'il avait égarés ; il fallait, pour les convaincre, se servir des mêmes armes que lui ; il fallait, comme lui, remonter à l'origine de la sphère, et démontrer que les conséquences naturelles que l'on devait tirer de l'histoire du ciel étaient directement opposées à son système.

Ce travail exigeait des recherches relatives à l'astronomie-mythologique et une étude particulière et constante de cette branche des connaissances humaines. S'il n'a pas été fait jusqu'à présent, il faut l'attribuer à ce que la plupart des personnes intéressées au triomphe de la vérité, vouées par goût ou par état à des études différentes, se sont contenté de repousser par la conscience un ouvrage qu'il fallait refuter par le savoir.

Je sais que beaucoup de personnes qui regardent Dupuis comme une autorité irrécusable, se prononceront contre moi sans avoir daigné lire mes preuves. Le système qu'il a établi est devenu le fil d'Ariane, à l'aide duquel l'écrivain qui retraçait les fêtes voluptueuses de la Grèce (1), le philosophe qui méditait sur les ruines des Empires (2), le savant qui cherchait à découvrir les usages des anciens Celtes (3) ou

---

(1) *Chaussard.* -- Fêtes et Courtisannes de la Grèce.

(2) *Volney.* -- Les Ruines.

(3) Mémoires de l'Académie celtique.

des sages Egyptiens (4), se sont guidés dans le labyrinthe de l'érudition.

L'amour de la vérité a été le seul motif qui m'ait engagé à publier cet Essai. Je n'ai prétendu faire de diatribe contre personne. J'ai voulu rétablir l'histoire de la sphère dans son intégrité, et j'ai combattu indirectement tous ceux qui se sont étayés de son autorité pour appuyer leurs systèmes. Si j'ai dirigé plus souvent mes attaques contre Dupuis, c'est parce que c'est le seul dont l'influence ait été, pour ainsi dire, populaire. Cependant, si je prends la défense de la morale qu'il outrage, de la vérité qu'il blesse, personne plus que moi n'est porté à rendre justice à sa vaste érudition, et je me suis même servi de sa propre autorité en traçant l'histoire de la sphère chez les Grecs et les Orientaux.

L'esprit de système qui provient de l'impatience qui se hâte de conclure et de l'amour-propre qui aime à généraliser les

(4) *Le Noir.* -- Nouvelle explication des hyéroglyphes Egyptiens.

faits qu'il a aperçus, égare d'autant plus qu'il est appuyé d'un grand talent. C'est là ce qui a rendu Dupuis si redoutable. Cependant, en généralisant ses principes, on devait voir qu'il fallait faire faire une demi-révolution à la voûte céleste, accumuler des siècles et donner à la terre une antiquité que ni les recherches de la géologie ni les fastes de l'histoire n'ont pu démontrer. On devait voir qu'il fallait reléguer au rang des fables des faits transmis par l'histoire, et considérer l'existence de personnages réels comme l'emblême de quelques phénomènes astronomiques. Ces deux motifs, indépendamment de toute autre preuve, étaient suffisans pour faire rejeter le système de Dupuis.

On m'objectera peut-être que des hommes dont le nom seul est une autorité l'ont adopté. A cela je répondrai par les preuves répandues dans ce mémoire. On pourrait aussi citer le témoignage des savans de l'expédition d'Égypte qui ont cru voir dans les zodiaques d'Esné et de Denderah une confirmation de l'hypothèse de Dupuis ; mais la question est jugée depuis long-tems. Le savant antiquaire Visconti (1) a fait voir que ces zodiaques, qui représentent les années vagues des Egyptiens, ne datent que du siècle d'Auguste.

J'ai cru devoir entrer dans ces détails parce qu'ils sont nécessaires à l'intelligence du plan de mon travail. Persuadé de l'importance de l'étude des constellations, j'ai voulu, avant de montrer la marche à suivre pour se livrer avec fruit à cette étude, démontrer la fausseté de l'hypothèse opposée à l'histoire véridique de la science.

Il n'est pas une seule partie de mon mémoire qui ne soit une critique de l'*Origine des cultes*, quoique cet ouvrage n'y soit pas toujours désigné. J'ai rappelé la sphère à sa véritable origine, et chaque époque de son histoire est une objection sans replique faite au système de Dupuis qui ne rattache qu'à une seule époque l'explication qu'il a donnée des phénomènes célestes.

---

(1) Biographie universelle, article *Dupuis*.

La sphère a une importance réelle; nous ne devons pas lui en chercher une autre. Elle a représenté fidèlement les aventures fabuleuses que les peuples y avaient tracées, mais elle n'a point donné naissance aux objets de leurs cultes. « Il est visible, » dit Bailly (1), qui le premier a attaqué » l'hypothèse de Dupuis, que ces noms, » ces ornemens mythologiques sous les- » quels nous connaissons les constellations, » ont été placés sur un fond donné. »

Contentons-nous d'examiner la sphère comme le dépôt sacré de quelques-unes des connaissances de l'antiquité, et souvenons-nous que si l'étude du ciel nous présente quelque aperçu sur les fables anciennes, nous ne devons pas nous hâter d'en déduire des conclusions hasardées. Nos pères trompés ont cherché l'avenir dans les figures des astres; tâchons, avec plus de fondement, d'y découvrir les débris du passé.

---

(1) Astronomie moderne, tom. 3, Discours sur les constellations.

ESSAI

SUR L'ORIGINE

DES

CONSTELLATIONS ANCIENNES.

De toutes les branches de l'astronomie, celle qui traite des constellations présente le plus de matériaux à l'érudit, et d'objets de méditation au philosophe. L'histoire du ciel se rattache à l'histoire des premiers peuples, des premières institutions : elle commence avec la fable et s'unit souvent aux théogonies.

Mais cette partie encore nouvelle des connaissances astronomiques a donné lieu à un grand nombre de systèmes : les cultes, les fables, les mœurs, les usages des anciens, on a tout voulu retrouver dans la voûte céleste. Les opinions les plus contradictoires se sont succédées; elles ont trouvé des sectateurs nombreux, et il n'a rien encore été établi de certain sur cette matière.

Le but de l'ouvrage que je présente ici est de combattre la plupart de ces hypothèses par l'histoire impartiale et véridique de la sphère.

Pluche (1), d'après Macrobe et Sextus-Empiricus, a cru voir dans l'arrangement des constellations les premiers essais des observations astronomiques. Le savant et infortuné Bailly (2) a tâché d'y découvrir les monumens de la civilisation déjà avancée d'un peuple anté-diluvien; Rabaut S.t-Etienne (3), les connaissances de la géographie ancienne.

Ces auteurs n'ont point suivi dans leurs opinions un système lié dans toutes ses parties; on ne peut les considérer comme ayant fait faire une révolution à la science; leurs opinions ont été des aperçus isolés dont ils ont trouvé le développement et la vérification dans la sphère céleste. On ne s'est trompé que lorsqu'on a voulu y trouver un tableau allégorique, la représentation unique et fidèle d'un culte ou d'une branche de connaissances.

La sphère n'offre point dans l'arrangement et la configuration de ses images un dessin suivi et complet; on n'y trouve que des débris. Des-

---

(1) Histoire du ciel. -- Spectacle de la Nature, tom. 4.

(2) Astron. ancienne, liv. 4. -- Astron. moderne, tom. 3, Disc. sur les constellations. -- Lettres sur l'Atlantide.

(3) Lettres à Bailly.

tinée à représenter les mystères religieux des anciens, les aventures fabuleuses des héros, les fastes de la vie pastorale, elle a rempli ces diverses destinations, et elle est parvenue jusqu'à nous avec des emblêmes incomplets et des images qui ne sont plus coordonnées.

L'histoire, car c'est elle qu'on doit consulter avant tout, démontre que la sphère a eu des origines différentes : elle a retracé tour-à-tour la vie errante des bergers (1), la théogonie sévère des Orientaux (2), les fables riantes de la Grèce (3), les rêveries de l'astrologie (4) et les préceptes de l'agriculture (5). Ceux qui veulent y trouver le développement d'un système unique, travaillent sur un tableau dont les diverses parties ne s'accordent point ensemble ; ils veulent expliquer le tout par quelques dessins isolés et transportés hors du plan général. Avant de chercher dans la sphère les preuves de cette opinion, je vais examiner les différens systèmes généraux basés sur les constellations et exposer les raisons qui m'empêchent de les admettre.

---

(1) Bailly. *Ut suprà.* Porphyr. *Ap. simpl.*, *lib.* 2, *de Cœlo.*

(2) Kirker, Œdipe. -- d'Herbelot, Biblioth. orientale.

(3) Hygin, *Astronomicum poeticum.*

(4) Manilius, *Astronomicon.*

(5) Columelle, *de re Rusticâ.* -- Virgile, Géorgiques.

J'examinerai d'abord celui de Dupuis, qui explique l'origine de tous les cultes par les phénomènes célestes (1). La sphère n'a point fait naître les dogmes mystérieux de l'antiquité; elle n'a fait que retracer les objets du culte extérieur; le peuple y a placé ses dieux, ses génies, tout ce qu'il avait créé lui-même; il a coordonné ses fables aux phénomènes célestes, mais ce ne sont point eux qui ont donné lieu à la mythologie. Il s'est plu à voir dans le ciel les héros, les sages, les rois dont il avait fait l'apothéose (2), et pour joindre la vraisemblance à ses récits, il a mis les divers aspects des constellations d'accord avec eux (3).

Les aspects respectifs des constellations zodiacales qui ont donné lieu à la méthode des *paranatellons*, ont dû nécessairement changer par la précession des équinoxes; les fables après un certain tems n'auront plus été d'accord avec les phénomènes, et les peuples n'auront plus vu dans les images célestes que les jeux du caprice.

Un savant recommandable par des travaux immenses et une vaste érudition, Court de Gébelin, a cherché dans les constellations les emblêmes de l'agriculture. Il a supposé que les

(1) Dupuis, Origine de tous les Cultes.

(2) Pausanias, *cap.* 3.

(3) Freret, Défense de la Chronologie.

peuples avaient figuré par l'arrangement et la liaison des astres, le grand tableau des opérations et des préceptes de la science agricole (1).

L'époque à laquelle la sphère a été destinée à retracer ces emblêmes, est celle où les peuples vivant du fruit de leurs travaux, limités à un cercle étroit de besoins, privés du secours des arts, n'ont pu faire les opérations délicates et difficiles qu'exigeait la formation d'une sphère. Aussi n'ont-ils eu qu'un assemblage de figures isolées et en petit nombre, qui ne pouvaient représenter par elles-mêmes une allégorie suivie.

L'erreur de Court de Gebelin a été de ne voir dans la sphère que le développement d'un système unique, d'écarter tout ce qui n'y avait pas rapport, d'exagérer les preuves qui pouvaient s'offrir à l'appui, et de fermer les yeux sur les autres origines de la configuration et de la dénomination des astres.

Parmi les ouvrages systématiques qui ont été publiés sur l'origine des constellations, il en est un d'après lequel on établit que la sphère représente la description géographique des pays où l'astronomie a pris naissance (2). Comme cette hypothèse ne s'accorde nullement avec

(1) Monde primitif, tom. 4.

(2) Le zodiaque expliqué. -- Mémoire sur la sphère Caucasienne.

les traditions historiques, j'ai cru devoir la combattre avec plus de détails.

L'auteur prétend que les constellations sont partagées en trois tableaux représentant fidèlement la topographie du Caucase. L'existence du zodiaque détruit totalement cette assertion; aussi, suffit-il de prouver cette existence pour réfuter tous les raisonnemens émis dans cette hypothèse.

Quelque irrégulières que paraissent entre elles les constellations zodiacales, elles auront été distinguées et nommées les premières, parce qu'elles étaient toujours parcourues par le soleil, la lune et les planètes, dont le cours servait à fixer les jours, les semaines, les mois, les années, les cycles et toutes les périodes.

Quelques périodes ont été calculées, il est vrai, par le lever et le coucher des principales étoiles, telle que la période sothiaque sur le lever cosmique de Sirius; mais comme ce lever était ordonné à celui du soleil, cela n'ôte rien à l'importance qu'à dû nécessairement avoir le zodiaque dans l'astronomie ancienne.

Toutes les divisions du ciel, faites par les anciens, ont été basées sur le zodiaque : celle des Décans (1), chez les Egyptiens, vient de ce qu'on

---

(1) Kirker, *Œdipe.* -- Scaliger, *Notes sur Manil*, *p.* 442.

a partagé en trois parties chaque constellation zodiacale. La division du ciel en 27 parties vient de l'observation du cours de la lune, qui décrit le zodiaque dans 27 jours 8 h.res (1). Le nombre des constellations, chez les Chaldéens, était porté à 36 (2); savoir : 12 au nord, 12 au sud, et 12 au zodiaque.

Une considération importante qui prouve l'origine des constellations zodiacales, est l'étymologie même de leur nom : chez les Egyptiens et les Orientaux elles étaient appelées *demeures, hôtelleries* (3), parce qu'elles servaient pour ainsi dire de demeure au soleil qui les parcourait; ce nom s'étendit ensuite aux autres constellations. Le mot *sou*, par lequel elles sont désignées à la Chine (4), signifie à la lettre, *maison*, demeure.

Ce ne fut que chez les Grecs qu'on leur donna un nom pris de la disposition des étoiles qui les composent. Le mot *sydus*, par lequel elles sont encore désignées, vient de *synodecin*, qui signifie *marcher ensemble* (5). Le mot hébreu *mazaroth*, que nous traduisons par constellation,

---

(1) Bailly, Astron. ancienne, éclairciss., liv. 9, par. 4.

(2) Bailly, Astron. ancienne.

(3) Goguet, Origine des lois, etc., tom. 2.

(4) Souciet, Observations faites aux Indes et à la Chine.

(5) Perrault, Traduction de Vitruve, liv. 9.

signifie *ceindre*, *environner* (1), allusion faite à l'espèce de ceinture dont le zodiaque semble entourer la terre. Le mot actuel de constellation est moderne; il a été inventé au 4.me siècle; les auteurs anciens ne s'en sont jamais servis; il a été employé la première fois par Ammien-Marcellin et Firmicus.

Après avoir examiné les différens systèmes établis pour rendre compte de l'origine de la sphère, je vais rechercher par l'histoire les différentes époques auxquelles les constellations actuelles, transmises par les Grecs, doivent leur naissance.

1.re ÉPOQUE.

Si nous examinons quels furent les premiers observateurs qui rangèrent les étoiles en grouppes, auxquels on imposa des noms, la science également antique chez tous les peuples semble cacher son origine; mais l'histoire indique qu'elle est née chez les Chaldéens (2).

En vain on représente les Brames comme les plus anciens peuples (3), la sphère n'a rien conservé de leurs travaux : les constellations chez eux prenaient leur forme de leurs ali-

---

(1) Goguet, *Ut suprà*.

(2) Bailly, Astron. ancienne.

(3) Le Gentil, Mémoire de l'Acad. des sciences, année 1772.

alignemens, leur nom du nombre d'étoiles dont elles étaient composées (1) ; les constellations actuelles ne sont plus que des images et des emblêmes.

Suivant Lucien (2), les Ethiopiens furent les inventeurs de la science astronomique ; cette opinion est fondée sur ce que plusieurs constellations semblent avoir été nommées par eux, telles sont Cassiopée, Andromède, Céphée, Persée, représentées même dans quelques cartes célestes avec un visage noir (3). Les personnages que représentent ces constellations n'ont jamais été Ethiopiens (4), et si les Grecs les avaient supposés tels, cette erreur provient de ce qu'ils avaient fait Céphée roi de la brûlante Ethiopie, parce qu'il se levait le soir dans les chaleurs de l'été en même-tems que la canicule (5), ou le Grand-Chien.

Jàm Clarus occultum Andromedæ pater
ostendit ignem. (Horace, *lib.* 3, *od.* 23.)

Il faut donc revenir à la véritable origine de la sphère, à celle qui est d'accord avec les do-

---

(1) Le Gentil, Voyage dans les mers des Indes, tom. I.
(2) *De Astrologiâ.*
(3) Bayer, Cartes célestes.
(4) Gudin, Notes du poëme de l'astronomie.
(5) Columelle, *de re Rusticâ.*

cumens de l'histoire et les recherches de la science. Les premiers hommes errans dans les déserts d'une création nouvelle ont été de simples pasteurs; l'astronomie fut la première science qu'ils cultivèrent : la fable a conservé le souvenir de ces fastes historiques en racontant qu'Apollon, emblême du soleil, était descendu chez de pauvres bergers.

La première opération de ces astronomes champêtres fut de marquer les quatre saisons par quatre étoiles brillantes, placées aux colures des équinoxes et des solstices (1). Ces étoiles furent appelées royales, et l'une d'elles, *Regulus*, conserve encore un nom qui rappelle son ancienne destination. Après celles-ci, ils ont remarqué les étoiles dont le lever et le coucher indiquait quelque époque intéressante pour eux; c'était la seule manière alors de distinguer les astres (2), et ils s'en sont servi pour désigner les diverses époques de l'année rurale :

Signorum obitus speculamur et ortus. (VIRG.)

Ils n'ont point formé de constellations enchaînées les unes aux autres et régulièrement disposées; il aurait fallu pour les coordonner fixer leur ascension droite et leur déclinaison, opé-

---

(1) RICCIUS, *Tractatus de mot. oct. sphær.*, c. 9., *p.* 51.

(2) PLUCHE, Hist. du Ciel, tom. I.

ration beaucoup trop au-dessus de leur portée. On n'aura donc eu dans ce ciel pastoral que des images isolées.

Le nom des constellations chez eux était le même que celui par lequel ils désignaient un troupeau de brebis (1). Les étoiles les plus remarquables étaient appelées *rois*, *chefs* ou *pasteurs* (2).

Parmi les constellations qu'ils avaient nommées et qui n'existent plus dans la sphère actuelle, était le Berger entouré de ses brebis, au centre même de la sphère :

Polus dùm sidera pascet. (Virg.)

La constellation de Céphée y a été substituée depuis par les Grecs.

Ils avaient désigné dans cette sphère, la Biche craintive, que l'on voit encore sur les cartes arabes (3), et qui est remplacée maintenant par Cassiopée ; ainsi que l'Hirondelle (4), avant-coureur des beaux jours, située près d'Andromède, au point même de l'équinoxe du printems, à la place de l'un des Poissons.

La sphère actuelle conserve encore diverses constellations qui attestent son origine pastorale.

---

(1) Hyde, *de relig. veter. Persarum.*, *cap.* 5.

(2) Hyde, *Ut suprà.*

(3) Dupuis, Origine de tous les cultes.

(4) Scaliger, Comment. sur Manilius.

On y voit le Chien, fidèle gardien du troupeau, représenté par la plus belle étoile du ciel, Sirius, qui empruntait son nom de l'astre du jour lui-même (1); on y voit la Chèvre nourricière, à laquelle les Grecs avaient donné la corne d'abondance (2); le Bélier, *dux gregis*, y paraît à la tête des signes du zodiaque; à côté de lui brille le Taureau domestique, tandis que la Poule, entourée de ses poussins, y figure encore dans la constellation des Pléiades.

La constellation des Gémeaux y était représentée par deux Chevreaux (3), et celle de la Grande-Ourse par le Char du Berger. Le peuple la nomme encore le *Chariot*.

Le premier coup-d'œil jeté sur la sphère nous retrace ainsi son origine :

> . . . . Le Ciel nous répète
> Que la docte Uranie a porté la houlette.
> (FONTANES, *Essai sur l'astronomie.*)

2.me ÉPOQUE.

Nous avons vu la première source des noms donnés aux constellations; des peuples civilisés

---

(1) DIODORE DE SICILE, Hist. univ., tom. I.

(2) DUPUIS, Origine des cultes.

(3) PLUCHE, Spectacle de la nature, tom. 4.

s'emparèrent bientôt de ce cadre informe, ils y figurèrent des objets analogues à leurs mœurs, et la voûte céleste changea une autre fois de destination.

Les Orientaux passent pour les successeurs des anciens Chaldéens dans la science astronomique (1). Ces peuples avaient enveloppé toutes les images physiques, toutes les opérations de la nature sous le voile de l'allégorie (2); chez eux tout était fable, et le ciel qu'ils avaient divisé devint le dépôt de leur théogonie (3).

La doctrine des génies ou anges, commune à tous les peuples de l'Orient, eût sa principale application dans l'astronomie. Les douze grands génies des Perses furent figurés par les douze constellations du zodiaque (4); les sept *puissances* des Syriens, les sept *richis* des Indiens furent représentés par les sept planètes. La plupart des fêtes instituées chez ces peuples l'étaient en honneur des astres, des principales époques de l'année et des quatre saisons (5).

Leurs dogmes mêmes se retrouvèrent dans les emblêmes célestes. La manichéisme fut figuré par les constellations d'hiver et celles d'été;

---

(1) Bailly, Astron. ancienne.

(2) D'Herbelot, Bibliothèque orientale.

(3) Pluche, Hist. du Ciel, tom. 1.

(4) Dupuis, Origine des cultes.

(5) Dupuis, *ibid.*

les unes amenant la chaleur, la lumière et l'abondance, les autres le froid, les ténèbres et la stérilité. Le dogme qui faisait un article de foi de l'existence des astres, fit introduire dans la sphère des figures de génies (1). Les Arabes ont conservé cet usage, et leurs tribus ont été long-tems sous la protection d'un astre (2).

Le mystère de la Trinité, représenté d'abord par l'Œuf symbolique, trouva un emblême plus naturel dans la constellation du Triangle (3), placée près de l'équinoxe du printems, au renouvellement de l'année. Cette figure devint le type de la première lettre par laquelle on commença le nom de la divinité; et depuis on représente toujours l'image de Dieu renfermée dans un triangle.

Il ne nous reste de toutes les sphères orientales que la sphère Egyptienne dans son intégrité; c'est elle sur-tout qui doit nous représenter l'ensemble de la théogonie des prêtres de Memphis. Les courses d'Osiris furent figurées par le passage du soleil dans les diverses constellations du zodiaque(4). On représenta Typhon,

(1) Newton, Chronologie.

(2) Hyde, *de relig. veter. Pers.*

(3) Plutarque, *de Iside et Osiride*, *tom.* 2, *p.* 373.

(4) Voyez l'Œdipe expliqué du père Kirker, dans lequel se trouve un planisphère égyptien attribué, suivant Firmicus, à l'astronome Petosiris.

le génie du mal, et dans la suite Serapis, dans la constellation du Serpentaire, substituée à celle du Scorpion, le 1.er signe d'automne (1). Anubis, fils d'Osiris, le Mercure des Grecs, donna son nom à la constellation du Grand-Chien, dont le lever héliaque annonçait le débordement du Nil (2); Orus, fils d'Osiris, fut placé dans le Taureau, celle des constellations du printems qui était opposé au Serpentaire (3), signe affecté à Typhon, antagoniste d'Orus. Par suite de ces dénominations, Orion, la plus brillante des constellations d'été, fut appelée le Chien d'Orus (4); la Grande Ourse, la plus belle des constellations d'hiver, fut appelée le Chien de Typhon (5).

Tout ce qui eut rapport aux mœurs, au climat et au culte des Egyptiens, se retrouva dans leur sphère : le Verseau fut représenté par une Urne dédiée à Canope, le dieu des eaux (6). Le vaisseau, nommé auparavant par

---

(1) Kirker *(voyez la note précédente.)*

(2) Diodore de Sicile, Hist. univ., tom. 1, traduction de l'abbé Terrasson.

(3) Table isiaque.

(4) Dupuis, Orig. des cultes.

(5) Dupuis, *ibid.*

(6) Kirker, Œdip.

les Phéniciens (1), fut consacré par eux à Osiris, emblême du Soleil, parce que suivant leur mythologie cet astre était porté sur un bateau (2). Ils représentèrent le cours du Nil par la constellation de l'Hydre, qui s'étend sous les trois signes sous lesquels s'opère le débordement (3). Ils figurèrent le Delta, emblême de l'Egypte, par la constellation du Triangle (4) : ils placèrent encore dans la sphère un grand nombre de constellations qui n'y sont point restées. On y voyait la Flûte à sept tuyaux, du dieu Pan, l'Arbre divin, la Cigogne respectée des peuples, l'Epervier sacré et le Crocodille mis au rang des Dieux (5).

Après avoir ainsi nommé les constellations, ils créèrent des symboles tirés de la voûte céleste. Le Sphynx mystérieux ne fut autre chose que l'emblême de l'inondation du Nil, qui arrivait sous les signes du Lion et de la Vierge. Ils y ajoutèrent les ailes d'un Aigle, parce que le lever héliaque de la constellation de l'Aigle, symbole du Soleil (6), arrivait à l'époque du

---

(1) Bochard, Chanaan.

(2) Barthélemy, Voyage d'Anacharsis, tom. 3.

(3) Théon.

(4) Diodore de Sicile, Hist. univ., tom. 1. -- Sethos, tom. 1.

(5) Voyez pour ces constellations le planisphère inséré dans l'OEdipe du père Kirker.

(6) Table isiaque.

solstice d'été. C'est de là qu'est venu l'usage de placer des Lions vomissant de l'eau à la porte des temples (1).

3.me ÉPOQUE.

L'Égypte disparut bientôt de la liste des nations et la Grèce recueillit son héritage.

Avec une autre religion, d'autres mœurs, on vit paraître d'autres images célestes (2).

A la théogonie profonde des Égyptiens succéda une mythologie riante, aimable, fille de l'imagination : les Dieux furent des hommes déifiés; l'histoire de la terre et celle du ciel ne firent plus qu'une, et la voûte celeste confondit également les héros, les sages et les Dieux.

Chiron, qui expliqua aux Grecs les constellations de la sphère (3), et Musée qui y appliqua l'histoire des Dieux (4), passent tous deux pour les inventeurs de la science.

Chiron étant antérieur à Musée, c'est l'ouvrage de ce dernier que nous devons examiner comme étant le seul qui nous soit resté.

Musée altéra la sphère, comme avaient déjà fait les Egyptiens, en y substituant les fables

---

(1) Plutarque, *de Iside et Osiride.*

(2) Achille Tatius, Isag, c. 39.

(3) Bailly, Astron. ancien., liv. 7. -- Goguet, tom. 2, p. 280.

(4) Bailly, *ibid.* -- Newton, Chronologie.

mythologiques de sa patrie ; mais où les Egyptiens avaient tracé des connaissances positives, les Grecs substituèrent souvent des erreurs. Ils inventèrent des fables pour leur climat, pour le caractère qu'ils donnaient à leurs Dieux, sans songer que la nature avait d'autres lois que leur physique mensongère, d'autres bornes que l'horison de la Grèce.

C'est ainsi que la Grande-Ourse, déjà connue des Phéniciens (1), qui l'avaient vu descendre sous les flots dans le *périple* de l'Afrique (2), devait toujours rester visible sur l'horison, parce que Junon lui avait défendu de se coucher comme ses sœurs dans les eaux de Thétis (3). Ils ignoraient que ce phénomène céleste disparaissait dans un climat plus méridional :

> Là, bravant de Junon la défense sévère,
> La froide Calisto descend sous l'onde amère. [Esmen. Navig.]

La Petite-Ourse, située près de l'axe immobile des mouvemens célestes, et qui renferme l'étoile polaire, guide du navigateur, que les Chinois nomment *le Roi* (4), et à laquelle tous les astres étaient subordonnés (5), la Petite-

---

(1) Bochard, *Ut suprà*.

(2) Séthos, tom. 2.

(3) Hygin, Fab. -- Noel, Dict. de myth. univ.

(4) Lettres édifiantes, tom. 26, p. 140.

(5) Job., c. 33.

Ourse, dis-je, ne fut connue chez les Grecs que par sa ressemblance avec la grande, et la fable en fit Arcas, fils de Calisto.

Malgré ces erreurs, quelques-unes des fables grecques furent parfaitement d'accord avec les phénomènes célestes qu'elles représentaient.

Ainsi la constellation de l'Écrevisse fut placée au solstice d'été à l'époque de la formation de la sphère grecque (1), pour exprimer le mouvement rétrograde du soleil qui commence à s'éloigner, et non pas au solstice d'hiver, à une époque de 15,000 ans, comme l'a avancé Dupuis.

La Balance, déjà connue des Egyptiens (2), indiqua par sa position à l'équinoxe d'automne, l'égalité des jours et des nuits :

Libra die somnique pares ubi fecerit horas,
[Virg. Æn., *lib.* 1.]

Le Capricorne, placé au solstice d'hiver, indiqua le mouvement du soleil qui, parvenu au point le plus bas de sa course, recommençait à monter vers le terme le plus élevé (3).

Si les Grecs eurent des constellations qui exprimèrent la marche du soleil dans l'écliptique, ils en eurent d'autres qui se rapportèrent aux cercles mêmes de la sphère.

(1) Petau, *Uranolog.*

(2) Servius, *in Georg.*, *lib.* 1.

(3) Macrobe, *Saturn.*, *lib.* 1.

Le pôle de l'écliptique fut entouré par les replis du Dragon céleste, symbole de la révolution des fixes et des cercles de la sphère (1); c'est de là que dans l'ancienne astronomie les points d'intersection de ces cercles, les nœuds, étaient appelés la tête et la queue du Dragon (2).

Cet ouvrage fut celui des astronomes, voyons maintenant ce que firent les mythologues.

Il leur fallut mettre les fables d'accord avec les divers aspects des constellations.

Ils donnèrent le nom de Cocher à la constellation qui précédait autrefois le lever du soleil le jour de l'équinoxe, comme si c'était le conducteur du Char de l'astre du jour (3). Cette même constellation, précédée par Pégase qu'elle suit dans une position renversée, représenta Phaéton précipité du Char paternel, ou Hyppolite traîné par ses chevaux.

La constellation voisine. placée aussi au-dessus du Taureau céleste, fut la Chèvre Amalthee, nourrice de Jupiter, dont la corne d'abondance était l'emblême de la fécondité de la nature au printems.

---

(1) Court de Gebelin, Monde primitif, tom. 1.

(2) Riccioli, *Novum almagestum.*

(3) Voyez pour tous ces exemples Dupuis, Origine des cultes. -- La Lande, Astronomie, tom. 1, et son Astron. des Dames.

Le Verseau, dont le lever était précédé de l'Aigle, figura le jeune Ganimède, l'échanson des Dieux :

> *Nunc aquilæ sydus referam, quæ parte sinistrâ*
> *Rorantis juvenis, quem terris sustulit ipso.* [MANIL., *lib.* 5.]

La grande constellation australe, dont le coucher précède immédiatement celui du Cocher, devint le fleuve fatal dans lequel fut précipité l'imprudent Phaéton.

Le Serpentaire précédé du Centaure, et ayant pour paranatellons la Chèvre et le Chien, fut le Dieu de la médecine, Esculape, élève du centaure Chiron, nourri par une chèvre et gardé par un chien.

La constellation du Dauphin, voisine de Pégase et du Verseau, et composée de neuf étoiles, représenta les Neuf Muses; c'est de là que chez les poëtes elle était appelée *Musicum signum.* L'urne du Verseau et l'eau qui s'en échappe fut la Fontaine d'Hippocrène, qui jaillit sous les pieds de Pégase.

La constellation des Gémeaux, placée sur le point de l'écliptique où finit le printems et commence l'été, fut destinée à représenter les deux enfans de Léda, tour-à-tour habitans du Ténare et des Cieux :

> *È geminis alter florentia tempora veris*
> *Sufficit, æstatem sitientem provehit alter.* [MANIL., *lib.* 2.]

Le Chasseur Orion fut figuré dans l'hémisphère austral accompagné de deux chiens et précédé du lièvre timide qui fuit devant lui.

Les Grecs ont ainsi coordonné leurs fables aux aspects des constellations, et n'ont point puisé dans ces aspects les récits de leur mythologie. La précession des équinoxes montre l'accord le plus frappant entre l'époque de ces phénomènes et l'invention des figures qui les représentent (1). Pour admettre d'ailleurs que l'hiéro-astronomie soit la source des Mithes et des cultes anciens, on est obligé d'appliquer des fables à des constellations qui n'en ont point été l'objet.

La constellation d'Hercule et celle du Serpentaire qui jouent le principal rôle dans le Système de Dupuis, se trouvent sans nom dans la sphère ancienne.

Aratus ne donne d'autre nom à la constellation d'Hercule que celui d'Agenouillé :

Engonasin vocitant genibus quòd nixa feratur.

[Arat. Phæn., trad. de Cicér.]

Cicéron lui-même (2) la représente comme un *homme* accablé de tristesse et s'appuyant sur les genoux. Manilius n'en dit autre chose,

---

(1) Freret, Défense de la Chronologie.

(2) Entretiens sur la nature des Dieux, liv. 2.

si ce n'est qu'elle sait pourquoi elle est dans cette posture :

Nixa venit species genibus, sibi conscia causæ. [MANIL., *lib.* I.]

La constellation du Serpentaire n'était connue que sous le nom vague d'Ophiucus ; c'est-à-dire en grec, qui tient un serpent :

Claro perhibent Ophiucon, nomine graï.
[ARAT., trad. de CICÉR.]

Ce ne furent que des mythologues bien postérieurs à Musée, tels que Théon, Hygin, qui donnèrent à ces constellations les noms d'Hercule et de Thésée, tous deux choisis par Dupuis pour représenter l'astre du jour accomplissant ses douze travaux dans les douze signes du zodiaque. Mais les aventures fabuleuses du fils de Jupiter ne peuvent avoir été puisées dans les aspects d'une constellation à laquelle les Grecs n'avaient pas même donné de nom, il est facile de reconnaître au contraire, dans ces dénominations, un travail postérieur à celui des inventeurs de la sphère.

Il est d'ailleurs une infinité de fables qui ne peuvent trouver leur explication dans la sphère; il est aussi plusieurs constellations nommées par le caprice, et qui ne tirent leur nom ni de leurs aspects respectifs ni de leurs rapports avec la marche du soleil, de la lune ou des planètes.

C'est ainsi qu'on y voit la Couronne d'Ariane, le Vautour de Prométhée, la Lyre d'Orphée, le Cygne de Léda, le Navire des Argonautes, le Dauphin qui sauva Arion du naufrage, la Roue d'Ixion, l'Autel où les Dieux jurèrent de combattre les Titans, la Coupe de Bacchus, et le noir Corbeau consacré à Apollon. (*)

La sphère grecque a eu le privilège d'être conservée et suivie jusqu'à nos jours; les constellations des Indiens lui sont empruntées (1); les noms arabes donnés aux étoiles en sont une traduction (2); tous les peuples de l'Europe l'ont adoptée; ce qui l'a rendue universelle, c'est que les fables dont elle était l'objet ont joint à l'imagination qui embellit, la diction qui rend durable.

Nous avons parcouru les trois époques des changemens qu'a subi la sphère; nous l'avons vue d'abord, fille des champs, revêtue de l'habit pastoral, puis chargée des hiéroglyphes mystérieux des temples de Memphis, prenant enfin pour dernière forme le costume riant des héros et des divinités de la Grèce.

---

(1) *Asiatic Researches*, tom. 3, p. 433.

(2) Académ. des inscrip., tom. 2. -- Mémoire de Renaudot, sur la sphère.

(*) On peut adopter l'opinion de Newton, dans sa Chronologie, sur quelques-unes de ces constellations, en en faisant remonter l'origine à l'expédition des Argonautes.

Nous allons examiner maintenant les modifications qui y ont été apportées par deux sciences en honneur chez les anciens (1); l'une trompeuse et mensongère avait pour but la connaissance de l'avenir; l'autre non moins incertaine dans ses résultats, mais plus sage dans son but, apprenait à prédire les changemens des saisons et les variations de l'athmosphère.

Nous allons traiter d'abord de la première.

De l'astrologie judiciaire.

L'origine de l'astrologie, comme celle de toutes les erreurs humaines, vient d'un penchant naturel par lequel nous nous sentons disposés à croire ce qui nous flatte.

Dès que l'industrie eut assuré à l'homme une subsistance facile, débarrassé du soin de chercher sa nourriture, il connut les besoins de l'esprit. Le présent ne fut plus rien pour lui; il n'y appartint plus que par la douleur physique ou le plaisir du moment. Dans les intervalles qui existèrent entre ces sensations il ne fut plus heureux ou malheureux que par sa prévoyance. Le désir et la crainte attachèrent ses regards sur l'avenir : il chercha les moyens de connaître le sort qui l'attendait un jour; il consulta le vol des oiseaux, les entrailles des victimes, et dans

(1) Kepler, Tabl. Rudolph, préface.

le cercle infini des chances il vit quelquefois ses prédictions accomplies.

Mais ces objets auxquels il avait demandé la connaissance de l'avenir étaient eux-mêmes soumis aux lois de la destruction : ils naissaient, vieillissaient et mouraient comme lui.

Il chercha alors des prédictions plus sûres dans le ciel où tout lui semblait inaltérable et permanent, où tout lui montrait l'infini dans l'espace, l'éternité dans la durée.

Les astres se présentèrent à lui comme chargés de caractères hiéroglyphiques dans lesquels étaient écrits les arrêts du destin (1).

Le ciel fut dès-lors peuplé de génies bienfaisans et malfaisans (2). Les constellations ne furent plus considérées que sous le rapport de leurs influences diverses :

.... *Vitas ac facta ministrent*
gentibus, ac proprios per singula corpora mores.

[MANIL, *lib.* 2.]

L'étude des Cieux ne fut plus regardée que comme une vaine spéculation, quand elle ne chercha pas à flatter la faiblesse et l'ignorance des hommes en mêlant à des calculs certains les prédictions trompeuses de l'astrologie.

---

(1) Voyez le planisphère des Cabalistes où les constellations sont représentées par des lettres hébraïques.

(2) PETAU, Uranologie.

Cette maladie, la plus longue qui ait affligé l'espèce humaine, gagna les plus grands philosophes de l'antiquité (1); les poëtes suivirent leur exemple, et ce n'est presque que sous le rapport astrologique que les anciens nous ont transmis leurs connaissances sur leurs constellations.

Tous leurs ouvrages, en effet, sont remplis des qualités et des influences des astres. Cette erreur s'est prolongée jusque dans les tems modernes. Tycho-Brahé, Képler (2), se sont occuppés de cette science mensongère, et dans le siècle de Louis XIV même, le grand Cassini a commencé par elle sa brillante carrière (3).

Si le ciel n'avait point changé ses figures emblématiques pour y substituer celles que l'astrologie avait créées, l'influence de cette science, bornée à des changemens de noms dans les constellations, se serait peu fait sentir, et l'étude du ciel n'eût pas éprouvé des obstacles nombreux dans l'explication d'un grand nombre de planisphères anciens.

Le planisphère égyptien de Kirker est évidemment l'ouvrage de l'astrologie; il est partagé en douze sections, suivant les douze cons-

---

(1) Bailly, Astron. ancienne.

(2) Bailly, Hist. de l'astronomie moderne.

(3) Bailly, *Ibid.*

tellations zodiacales auxquelles ont été jointes celles dont le lever et le coucher coordonnaient avec elles.

On voit dans l'antiquité expliquée de Montfaucon (1) un zodiaque égyptien, entièrement différent de celui de Kirker et de ceux qui ont été trouvés dans les temples d'Esné et de Denderah par les savans de l'expédition d'Egypte (2), qui semble encore ne devoir être que l'ouvrage de l'astrologie.

Scaliger a conservé un autre zodiaque tiré des antiquités de l'Égypte (3), où chaque signe est divisé en trois décans, qui porte avec son nom particulier celui d'une planète; on ne peut méconnaître ici le travail des astrologues qui joignaient aux influences des constellations celles des planètes qui les parcouraient.

On a trouvé à Rome, sur un fragment de marbre, un planisphère curieux gravé dans les Mémoires de l'Académie (4) et conservé par Court de Gebelin (5) et Bailly (6). On y voit des animaux étrangers à la sphère, qui semblent

(1) Supplément, tom. 2, p. 202.

(2) Voyez l'Atlas du Voyage de Dénon.

(3) Comment. sur Manil, p. 442.

(4) Mémoires de l'Académie des sciences, année 1708.

(5) Monde primitif, tom. 4.

(6) Bailly, Astron. ancienne.

servir d'attributs aux constellations existantes anciennement.

Tous ces changemens dans les images célestes n'eurent lieu que dans les sphères anciennes; la sphère grecque conserva ses emblêmes, ses images; seulement chacune d'elles exprima une sorte de prédiction ou d'influence, en rapport avec les qualités que le nom de la constellation semblait devoir comporter.

Ainsi, le Vaisseau inspira le goût de la navigation (1); le Cocher apprit à conduire un char; la Lyre accorda l'harmonie de la voix et l'expression des instrumens; l'Autel forma ceux qui étaient destinés au culte des Dieux; le Cheval donna l'agilité et la souplesse, et le Centaure la faculté d'ateler les animaux au joug.

D'autres fois c'était la fable qui fournissait les influences des constellations; ainsi le guerrier Orion procurait un courage indomptable; le Dieu de la médecine, accompagné de son serpent fidèle, rendait ceux qui naissaient sous son influence invulnérables aux blessures des serpens; Céphée, représenté comme un Roi, donnait un front grave où se peignait l'austérité du caractère.

Quelquefois les préceptes astrologiques ex-

---

(1) Voyez, pour toutes ces influences, le 5.me livre de Manilius.

primèrent l'action même des phénomènes célestes : c'est ainsi que les Filles d'Atlas, placées dans le Taureau, inspiraient la volupté, allusion faite au renouvellement de la nature au printems. Le Taureau, en effet, chez les anciens, était le siège et le domicile de Vénus; le mois auquel il correspondait était appelé *Aphrodisius* chez les Bithyniens. On trouve même à l'appui de cela, ce passage curieux dans le livre de Job : *Pourriez-vous lier les voluptés de Kimah?* Or, les Pléïades se nomment encore Kimo dans la langue perse, et Kima dans la langue arabe (1).

Telles sont les modifications que l'astrologie judiciaire a fait subir à la science des constellations; son action ne s'est pas bornée à ces changemens, elle a eue de plus une influence directe sur les mœurs et le caractère des anciens.

Le dogme dominant des religions anciennes, la fatalité, cette croyance sévère, qui éloignant les chimères de la crainte et les perspectives de l'espérance ne faisait de l'homme qu'un être passif, mu par les lois de la nécessité, la fatalité dis-je, devint une application immédiate des principes de l'astrologie judiciaire.

---

(1) HYDE, Comment. sur Ulug-Bey.

Ce dogme dut naître en effet dès l'instant qu'on dit aux peuples : Vos désirs sont inutiles, vos projets sont frivoles; les astres dès le moment de votre naissance ont marqué l'espace de votre vie; vos douleurs, vos plaisirs sont liés aux instans qui doivent les produire, et vous ne pouvez, par vos efforts, prévenir les rigueurs ou les bienfaits de la fortune.

DE L'ASTROLOGIE NATURELLE.

En même-tems que l'astrologie judiciaire, dominait une scène aussi ancienne qu'elle, dont le but était de calculer les influences physiques et certaines des astres sur les variations de l'athmosphère; et comme elle annonçait les changemens de tems qui devaient avoir lieu, ce rapport avec les prédictions de l'astrologie judiciaire la fit regarder comme sa sœur et on lui donna le nom d'astrologie naturelle (1).

L'agriculture par ses travaux réclamait nécessairement les secours de cette science. Le laboureur avait senti le besoin d'observer le mouvement des corps célestes pour fixer le tems des semailles, des moissons ou du labourage; d'ailleurs il devait être attentif au coucher ou au lever des astres toujours accompagnés de

(1) Bailly, Discours sur l'astrologie, Astron. ancienne.

quelque phénomène météorologique. l'agriculture et la connaissance des constellations ne firent plus qu'une science :

> Le ciel devint un livre où la terre étonnée
> Lut en lettres de feu l'histoire de l'année.
>
> [Rosset, Agricult., ch. 1.]

L'homme, comme nous l'avons dit plus haut, fut pasteur avant d'être agriculteur. Il avait classé, nommé les étoiles avant qu'on eût labouré la terre; l'astronomie a précédé l'agriculture; elle s'est étendue avec cet art de première nécessité, et elle est devenue plus importante en devenant plus utile.

Les Égyptiens avaient déjà consacré quelques constellations à former une espèce de calendrier rural en rapport avec le climat de l'Egypte; les Gres, à leur exemple, en formèrent un autre, et quoique le climat et ce sol ne fussent plus les mêmes, quoique les préceptes d'Hésiode ne fussent plus d'accord avec ceux des prêtres de Thèbes, la sphère grecque offrit des constellations visiblement empruntées des Orientaux, et qui attestaient les rapports de l'astronomie avec l'art de Cérès et de Triptolême.

Le dieu Pan, regardé comme le créateur de l'agriculture (1), trouva ses attributs naturels

(1) Ovid., Fast. 1.--2.

dans la constellation du Cocher, de la Chèvre et des Chevreaux placés au-dessus du Taureau céleste qui indiquait le tems du labourage (1).

Près de l'équinoxe d'automne on plaça la constellation qui présidait aux moissons, sous l'emblême d'une jeune Fille tenant un épi de blé à la main; on la nomma *Erigone*, c'est-à-dire *épi rougissant* (2). Une de ses dernières étoiles fut appelée la *Vendangeuse*, parce que son lever héliaque arrivait au tems des vendanges :

Graio protrygeter nomine dicta. [Arat.]

Près d'elle on représenta la Gerbe de blé dans la constellation où Conon et Callimaque ont figuré la Chevelure de Bérénice (3), et qui porte encore chez les Arabes le nom d'un Faisceau d'épis (4).

On vit enfin le Char du Bouvier dans la constellation de l'Ourse, dont on fit aussi, avec la Petite-Ourse, les Bœufs du labourage :

Flectant Icarii sidera terga Boves. [Properce.]

Après les Grecs, les Romains devenus plus instruits dans l'art agricole, étudièrent les rapports naturels qu'il avait avec la science des

---

(1) Bailly, Astron. mod., tom. 3, disc. sur les const.

(2) Pluche, Hist. du ciel, tom. 1.

(3) Bailly, Astron. mod., tom. 1.

(4) Dupuis, Origine des cultes.

astres, et firent un précepte de l'étude de cette science à ceux qui se livraient aux travaux de la campagne :

Sydcrum ortus et occasus memoriâ repetat.
[Columelle, *lib.* 1.]

On vit bientôt paraître des agriculteurs, des poëtes, des philosophes célèbres; tels que Caton, Varron, Columelle, Virgile, Pline, Palladius, qui par leurs travaux et leurs écrits consommèrent l'union des deux sciences.

On connut les constellations, on les décrivit, non plus comme autrefois pour rechercher leurs aspects au moment de la naissance de l'homme, mais pour déterminer les variations athmosphériques qu'elles présageaient.

Hinc tempestates dubio prædiscere cælo possumus.
[Virg., *Georg.*, *lib.* 1.]

Le commencement des semailles fut fixé au lever héliaque de la Couronne, la fin à celui de l'Aigle; celui d'Andromède annonçait les premiers froids; le Bouvier, par son lever du matin, indiquait le tems des vendanges, et marquait l'époque de l'équinoxe d'automne ; les vents, la grêle, l'orage, dit Pline (1), semblent sortir de ses mains. Le Capricorne placé au solstice d'hiver, fut appelé *Gelidus*, *Imbrifer*, *Hyemalis ;* le Verseau qui annonçait les brouil-

(1) Hist. nat., tom. 2.

lards fut appelé *Nymbosus;* Sirius, dont le lever indiquait les chaleurs de l'été, fut le Chien brûlant qui vomissait tous ses feux sur la noire Ethiopie : c'est de là qu'on a donné le nom de canicule aux jours les plus chauds de l'année. Les Gémeaux, le 3.me signe du printems, annonçaient un calme profond sur la mer (1), et Castor et Pollux devinrent les patrons des mariniers.

Le coucher d'Orion, dont les étoiles avaient servi autrefois à Palamède (2) à indiquer les heures de la nuit, présageait les tempêtes, les pluies, les orages:

> *Nec sidus atrâ nocte amicum appareat*
> *quâ tristis Orion cadit.* [Hor., ép. 9.]

Telles furent les influences accordées aux constellations par l'astrologie naturelle; quelques-unes sont très-anciennes, d'autres ne datent que du siècle d'Auguste; toutes néanmoins ont contribué à modifier les sphères anciennes, tant dans les figures que dans les noms des constellations.

CONCLUSION.

Voilà quelles sont les différentes époques de l'histoire de la sphère. Il résulte de cet ensemble de preuves que ces cinq origines différentes dé-

(1) Columelle, *de re Rusticâ*, *lib.* 1.

(2) Diodore de Sicile, Hist. universelle, liv. 1.

truisent tout-à-fait les hypothèses fondées sur une seule. Un système sur cette matière, quelque savant, quelque ingénieux qu'il soit, est faux dès qu'il est général. Il ne reste que des débris des sphères anciennes; pour y trouver le développement d'une seule opinion, il faudrait les assujétir au lit de Procuste, ajouter ou retrancher suivant le point de vue sous lequel nous les aurions considérées.

Ce travail n'est que le résumé d'un grand ouvrage, que je prépare, et qui sous le titre *d'Uranologie*, contiendra une description fort étendue des sphères anciennes, une explication des coutumes, des usages, des croyances empruntées à l'astronomie. Cet ouvrage auquel j'ai consacré de longues et pénibles études, pour lequel j'ai rassemblé de nombreux matériaux et composé un Atlas céleste, sera utile à l'ancienne histoire, à la fable, à l'archéologie, à la théogonie et à l'intelligence de la plupart des poëtes de l'antiquité.

Je désire que cet extrait reçoive l'approbation des savans; ce sera pour moi l'encouragement le plus sensible. La récompense la plus douce pour un auteur, après le plaisir qu'il a éprouvé dans ses recherches, est le suffrage des hommes instruits.

FIN.

www.ingramcontent.com/pod-product-compliance
Lightning Source LLC
LaVergne TN
LVHW050459160826
845677LV00003B/829

* 9 7 8 2 3 2 9 6 6 5 5 0 4 *